绿色地球

给孩子们的环保小书

TOUS ÉCOLOS !

[法]艾莉丝·鲁索(Élise Rousseau) 著

[法]罗贝尔(Robbert) 绘

孙佳雯 译

U0193985

北京联合出版公司
Beijing United Publishing Co.,Ltd.

后音

目 录

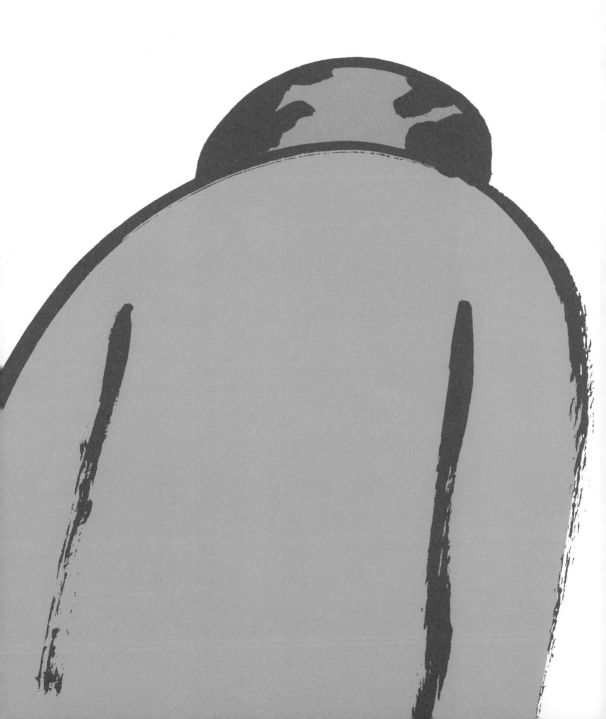

勇敢的心

......

从小到大，你一定常常听到"生态危机、气候变化、物种消失"之类的话题吧。让我来猜猜你都有一些什么感受。

好失望

1

面对这样大范围的生态破坏，你感到如此无奈。"已经完蛋了！"这种话你肯定经常听到。你感到自己就像是大海里的一滴水，那么渺小，怀揣着如此美好的初心，却好像改变不了什么。

2

太生气

太不公平了！环境恶化又不是你的错。这些都是前人造成的。他们干嘛把环境弄成这样？

3 想回避

你可不想知道这些心烦的事情，也不想听到什么越来越糟，你的注意力转移到其他的事情上。

不信任

你会觉得自己被口若悬河的政客骗了，他们总是说得头头是道，可是有谁真正为你们这代人考虑过呢？

5 不想管

玩耍可比环保什么的有意思多了。你又不知道环境真实的状况到底是什么样子，反正你的生活面貌似乎也没怎么受影响。

想爆发

直到今天，大人们对环保问题还是一无所知，真让人抓狂啊！

别担心

如果你有上述这些感受，这完全是正常的！有时候，你一整天都会听到非常令人不安的信息，很难不受到它们带来的负面情绪影响。而且，你也很少听到那些有利于地球生态的正面举措，虽然这些举措的数量在不断地增加，却还远远不足以改善当下的状况。那么，我们是否真的有能力，让情况发生改变呢？

无所不能

拯救地球，拯救动物，清洁海洋，这可能吗？这么说吧，由于人类实在是做了太多的傻事，想要拯救一切，确实有点困难，但是，减少对地球生态的破坏，我们还是可以做到的！然而，前提是我们必须踏踏实实地为之努力，而且要赶快行动起来！

地球的未来也是人类的未来。这就是为什么保护好我们的地球是如此重要的原因。因为我们没有第二个家园。

提图安，10 岁

如果给大人们的环保行为打分的话，满分 20 分，他们只能得 3 分！他们做了好多傻事，而我们又学着他们的样子做。这种情况必须改变！

梅勒，12 岁

我们的生活离不开动物和植物。所以我们要尽一切可能去拯救它们。

萨沙，8 岁

地球，
也是你的家园

很多时候，你觉得大人们没有为保护
环境做任何事，而你希望能说服他们
更环保。你的论点：

你有权利说出来　因为发生在这颗
星球上的事，也关系到生活在地球上
的你的未来。

你应该有权利　生活在一个干净的
世界中。在这个世界里，动植物不会
因为大人们犯下的错误而消失。

日常小贴士

这本书将帮助你具体地了解为什
么说我们的地球是非常脆弱的，
以及我们要如何保护它。每天，
我们都可以做一些力所能及的小
事：种一棵树、进行垃圾分类、
在树上安置一个鸟窝。最重要的
是，通过行动表达自我，你才能
体会到"改变世界"的感受：充
满希望，斗志昂扬！

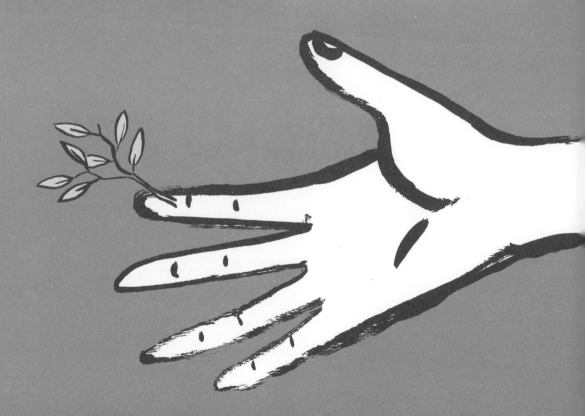

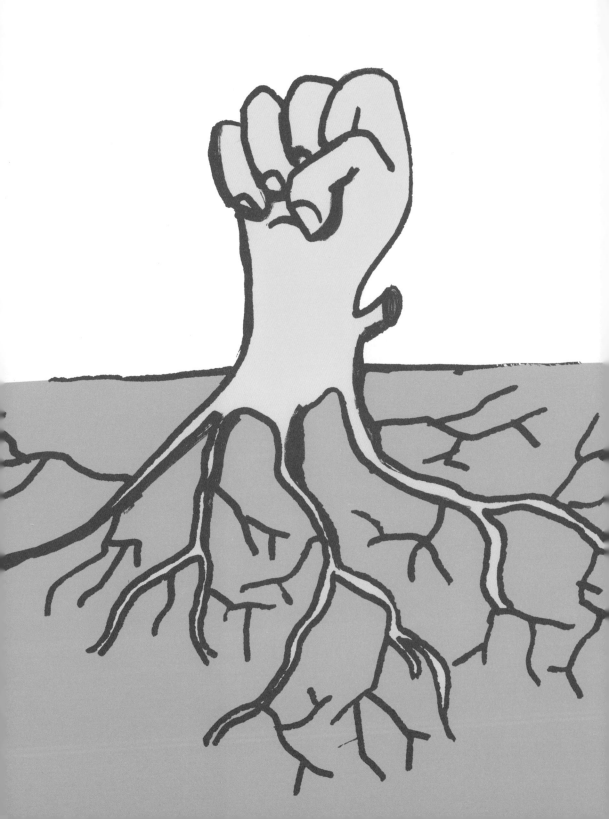

嗨，地球，

最近
怎么样？

电视、报纸、广播上，坏消息接踵而来，令人忧心忡忡……与其坐在家里长吁短叹，不如让我们撸起袖子大干一场，为了保护地球、动物、植物，以及所有人类而努力！

男人，
女人，
孩子……

近几十年来，世界人口数量增长惊人。我
们地球上的人类是不是太多了？

相关数据

- 目前，地球上生活着约 **77 亿人**（1900 年的时候，只有 15 亿）。

- 据估计，10 年之后，这个数字将增长到约 **85 亿**。

- 每天，世界人口都会增长约 **22.7 万人**。

嗨，地球，最近怎么样？

人口爆炸警告!

地球上的所有人都要消耗资源。然而，地球上的资源并非取之不尽用之不竭。而且，我们得盖房子给这些人住，于是钢筋混凝土的建筑逐渐占据了大自然的地界。2018 年，法国的建筑工程造成了超过 5.5 万公顷农田的损失；在某些年份，这个数字可能会高达 8.2 万公顷!

我们要怎么做呢？

长期以来，中国采取的办法是实行独生子女政策，但这并不一定是终极的解决方案，而且在 2015 年，独生子女政策被废止了。那我们应该怎么办呢？今天，我们认识到，女性获得教育、避孕和平等的机会越多，她们生的孩子就越少。因此，最重要的是，要让女性与男性拥有同等的权利，这样她们就可以选择自己真正想要的生活，而免于受到其他因素的影响。

嗨，地球，最近怎么样？

好热啊！

我们经常听到关于"全球变暖"的新闻。但这到底意味着什么呢？让我们通过三个问题来回答吧。

从何时开始?

19世纪末以来，地球的温度一直在稳步上升。千百万年来，地球的温度始终在自然地发生着变化：地球经历过若干次冰期，那时气候非常寒冷；当然，也有比较温暖的时代。但是，这次的全球变暖是不一样的，这一次的温度变化来自人类活动和人口过剩，而不是地球本身的自然现象。

为何会这样?

这是因为"温室效应"。最初，"温室效应"实际上是一种自然现象。地球就像一座巨大的花园温室：它吸收来自太阳的热量越多，温度就越高。这些热量实际上是被所谓的"温室气体"牢牢地固定在了地球上。如果"温室效应"不存在，那么地球上的平均温度会比现在低18℃左右。然而，1850年以来，人类的活动（运输、工业、农业等）制造出了过多的温室气体，地球已经无法再吸收它们了。于是，全球的温度也在逐渐攀升……

有什么后果？

即使最微小的气温上升，也会破坏自然界的平衡。一方面，冰川和浮冰开始融化，导致海平面升高；另一方面，高温导致一些地区开始缺水、河流干涸。所以一些沙漠地区，比如撒哈拉沙漠，范围正在扩大。极端气候事件开始频发：洪水，酷暑，暴雨……

多种动物和植物正在逐渐消失，因为它们无法迅速地适应这种气候变化。这也会导致饥荒、疾病的传播，甚至人类之间的战争。

污染，头号大敌

你几乎每天都能听到关于"污染"的新闻。现在我们来分辨关于污染的"对"与"错"。

污染，总是能被我们看到。

错误。大多数污染是不可见的，无色无味：微粒污染、重金属污染、内分泌干扰物污染、农药污染、二噁英污染……这些看上去有些难懂的词汇就是我们每天都要面对的污染。

污染，会对健康产生影响。

正确。污染对健康的影响是多重的，从日常生活中的一些小毛病——比如流眼泪或流鼻涕，到更恼人的疾病——比如哮喘和过敏，甚至更严重的大病——比如癌症。

空气污染正越来越严重。

正确。 有的时候，你会在广播中听到这样的警告：某个城市的空气污染特别严重，以至于气象部门要求居民引起重视，比如不要去户外运动，或者避免使用私家车出行、改用公共交通工具，等等。不过，最近有一个新现象：前不久，地球上的空气令人舒适。

地球上的水和土地
能够吸收污染。

错误。 污染并不会因为被深埋入地下或者倾倒入河中就消失。相反，它所到之处都受到了它的破坏。由于工业和农业生产产生了大量的污染物，地球上的水资源经常受到污染。

核废料是最有害的污染物。

正确。 核电站产生的废料是很难处理和降解的：它需要等待上千年的时间才能失去危害性！目前，我们只能把这些废料储存起来，把问题留给后人解决……且核电站的爆炸或者泄露会引发核灾难（比如乌克兰的切尔诺贝利和日本的福岛），环境的污染将会持续数千年，数百万人会因此遭受病痛折磨甚至死去。

嗨，地球，最近怎么样？

植物，消除污染的小能手！

一些植物，比如仙人掌、常春藤和无花果树，能够吸收一部分家庭内部的空气污染。它们还能起到装饰的作用！

森林的
呼唤

为了农业生产、木材资源和其他的工业发展，我们毫不犹豫地破坏了森林环境。那么，我们能做些什么来阻止森林的消失呢？

> 印第安人的土地被抢走了，这不仅仅是在西部片中才会发生的事情。今天，同样的事情依然在发生，因为人类正在砍伐亚马孙森林。
>
> 露娜，12岁

关于森林砍伐的一些数据

为了更直观，我们可以这样说：在这个世界上，每一秒钟，就有一块足球场大小的森林被毁。每一年，都有1300万至1500万公顷的森林消失，其中还包括一些非常"古老"的森林（所谓的"原始森林"），这些森林中，生活着很多不同的动植物。"植树造林"是人类采取的补偿森林消失的举措，但效果算不上明显。在20世纪，全世界有一半的森林遭到了破坏，地球上80%的原始森林已经消失。

地球之肺

砍伐森林，不仅危及数千种动植物，而且危及生活在森林里的人们。最重要的是，我们必须保护森林，因为森林对于地球上的生命来说至关重要。森林中的树木吸收空气中的二氧化碳，并释放氧气，这样我们才能呼吸。

一块牛排和一片森林之间，有着怎样的关系？

在南美洲，人们砍伐森林，用新开辟的土地种植大豆。大豆是用来喂牛的，而牛肉最终变成我们吃的汉堡中所夹的牛排！

敲敲木头，厄运走开 *

保护森林，还是有可能的。为了做到这一点，有些想法可以付诸实践……

* 译者注：标题的字面意思是"让我们摸摸木头"，这是英语和法语世界中一个常见的文化习俗，认为敲一敲或者摸一摸木头能够避免遭遇厄运……

世界各地的森林都在快速地消失。我爷爷说，我们每个人一生至少要种一棵树！

提奥，13岁

在我的家族中，大家通过捐款和志愿服务两种方式来支持那些旨在保护森林的环保协会。

康坦，9岁

新学年开始了，我购买的所有笔记本都是用再生纸制造的。

珍妮，11岁

我们的社会可以做些什么？

砍伐森林与集约型农业（特别是养牛业）有着紧密的关系，因此，当前的农业结构要进行深刻的变革。最重要的是，我们应以可持续的方式治理森林，应立刻禁止砍伐原始森林，如目前正在被破坏的亚马孙森林。如果各个国家都能严格地遵守法律，这些是可以做到的。

在日常生活中

你也可以减少对纸质品的使用：

➜ 请你的父母购买用再生纸制造
的白纸、卫生纸或者纸巾。

➜ 放弃使用一次性物品，比如纸
巾、纸杯、纸盘或纸桌布……

➜ 避免购买含有棕榈油的产品
（包括含有棕榈油的巧克力酱），
因为为了获得棕榈油，农民们
会砍伐树林开荒种植油棕树。

➜ 抵制来自热带地区的木材，比
如乌木或桃花心木，因为它们
往往来自原始森林。

➜ 一张纸的正反面都要用到。

➜ 用使用过的纸的背面打草稿。

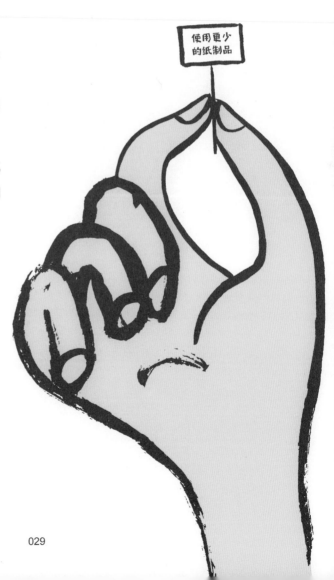

使用更少
的纸制品

拯救
濒危物种

目前，地球上动植物的灭绝速度和规模已经到达了史无前例的程度。原因是什么呢？

必须停止的
生物灭绝

地球上曾经发生过几次生物大灭绝，其中最著名的是恐龙的灭绝，其原因可能是小行星的坠落或者强烈的火山活动。但是，按照科学家们的说法，如果之前的生物大灭绝是自然的现象，那么这次的生物大灭绝则是由人类造成的。这种灭绝由栖息地的丧失、污染、全球气候变暖和狩猎引起，格外令人担忧。

濒临灭绝的动物们：

→ 41% 的两栖动物（比如青蛙和蝾螈）

→ 26% 的哺乳动物（比如熊猫和大猩猩）

→ 1/8 的鸟类（比如西伯利亚白鹤）

这些还不包括 20 世纪灭绝的成千上万个物种，比如袋狼。

我们能做些什么？

你可以成为自然保护组织的成员（比如世界自然基金会、法国鸟类保护联盟、绿色和平组织，等等），并且花时间和精力来帮助它们。目前，它们是最尽心竭力拯救濒危物种的机构。比如，近几十年来，自然保护者们成功地阻止了一些动物活动的消失。在法国，游隼和其他一些鸟类就是自然保护的受益者。过去，这些鸟类被围猎和杀害，但因为近年来的严格保护，它们被从灭绝的边缘拯救了回来，甚至还重新出现在了它们过去消失不见的地方。尽管这种保护是很有限的，但也证明了，只要我们投入精力，就一定会有所收获！

动物保护 ABC：关于野生动物

一些物种因人类活动而失去了栖息地，正在从我们的视野中渐渐地消失。我们该怎么办呢？

集约型农业

广袤的耕地，没有树篱，常年喷洒农药，这是真正的生态沙漠。动物和植物的多样性都很低。

解决方案：

我们正在努力地推广更加环保（多样性更强）和有机的农业。

 生态系统

生态系统是指与自然环境相互作用的生物的集合（比如，森林中就有森林生态系统）。生态系统建立在脆弱的平衡之上：如果它们受到干扰，一切都会崩溃。

解决方案：

我们必须与大规模的城市化、污染、森林砍伐、全球变暖和过度消费作斗争，因为所有这些都会导致动物（以及人类）的生活场所被破坏或退化。

栖息地的碎片化

遍布乡村的道路和各种建筑，将动物的领地分割、破坏。

解决方案：

在设计和建造新的建筑之前，人们应该考虑到其对生态环境的影响，并进行相应的安排处理，让动物们能够自由地在领地中穿梭。

 湿地

湿地，比如沼泽和池塘，对于动植物来说都至关重要，然而它们的面积却在逐渐缩小。

解决方案：

让我们停止向湿地排水、停止回填和污染这些空间。

入侵物种

人类会主动地迁移一些物种。无论是动物还是植物，都有人会把它们带回家里养起来。生存环境改变的后果是，这些生物要么适应，要么死去。一旦外来的生物适应了当地的环境，有时就会带来灾难性的后果，因为它们会对当地的物种产生威胁，并且最终摧毁它们。为了避免这种情况的发生，我们最好不要迁移外来物种，不要购买热带动物（比如佛罗里达箱龟），并且只在花园里种植本地的植物品种。

大海呀，全是水

海洋，一望无垠，烟波浩渺，翻涌着层层的蓝色波浪；而美丽的大海却也让人意想不到地脆弱。拯救海洋，行动起来吧！

深海危机

除极地冰川因全球变暖而融化、过度捕捞导致鱼群被破坏、日本等国家继续捕杀鲸鱼和海豚……之外，我们的海洋本身也处于危险之中。但是，如果人类真的愿意改变现状并为之付出努力的话，解决方案还是有的。

我们应该吃什么鱼？

为了对抗过度捕捞，最好的办法就是抵制食用某些鱼类，并且采用可持续的方法捕鱼，比如垂钓。在罐头制品上粘贴标签，表明捕鱼的时节考虑到了环境的因素。养殖的鱼类必须是有机鱼。野生的鱼类必须定期地获取相关信息。比如，多选择沙丁鱼、鲭鱼、牙鳕这些灭绝风险较小的鱼类食用。有机养殖的鳟鱼也是很好的选择。尽量不要食用金枪鱼和三文鱼，因为它们长期被过度捕捞，而且经常受到污染，另外还有鳀鱼、鳗鱼、鳕鱼、鮟鱇鱼和剑鱼。

休养生息！

对于高度濒危的物种（比如蓝鳍金枪鱼），我们实行配额制，限制捕捞。这意味着人们被允许的捕鱼数量是有限的：如果超过了规定的数字，可就有大麻烦了。限制捕捞是一件好事，不过目前实行的"配额"数字还是太高了，更糟糕的是，往往情况只要稍微有那么一点点好转，人们就不再遵守配额制了。我们应该让配额制度的续存时间增长，让濒危物种的生存状态得到更好的恢复。

噢，石油外泄！

海鸟的羽毛上沾满了黑乎乎的原油，你最喜欢的海滩已经无法再去玩耍，海水被污染了长达几十年的时间……这种情况的发生，都是因为有些海上的船只将装载的石油泄漏到了海洋里。当然，这样做是不允许的，可是，他们还是这样做了，毕竟用海水清洗运油仓是免费的。

田间地头的小建议

工业化的农业生产破坏了土壤、水和空气，甚至对我们的健康也产生了影响。难道我们没有其他的选择了吗？

外婆告诉我，从前，麦田里长满了蓝色矢车菊，还有云雀在飞，但是现在我们已经很少看见它们了。因为现在的麦田，已经被我们污染了，我们为了种植某种植物，在农田里加入了其他的东西。

夏琳，9岁

牛应该吃草，不应该吃大豆，吃面粉，吃各种抗生素。

劳拉，12岁

有机万岁！

在工业化农业中，鸡是通过流水线饲养长大的，它们一生都被困在小小的笼子中，工业化的粮食生产使用大量的化学肥料和农药，它们会污染土地长达数十年的时间，有时候会让我们生病……解决问题的方法并不太难：推广有机农业和地方农业。它们能保护自然，并且更尊重野生动物的生存条件。有机农业意味着农民们将不再把化学产品、化学染料和香精等使用于农业生产中。有机的农产品味道也更好！

令人担忧的小蜜蜂

由于杀虫剂（消灭农作物害虫的产品）和各种形式的污染，蜜蜂正在消失。问题是，蜜蜂是给植物授粉的昆虫，它们从一朵花飞到另一朵花，让果树、蔬菜等植物能够结果、繁衍……它们是不可替代的，人类还没有找到替代蜜蜂授粉的方法。为了保护蜜蜂，让我们严格限制或禁止化学杀虫剂的使用吧！

明天
会怎样？

让我们先来看看一些现有想法的对错。

只有工业化农业才有能力在未来养活数十亿人。

错误。恰恰相反，工业化农业对未来而言是一场危险的赌博，因为它让土壤变得贫瘠，破坏了蜜蜂的生存环境。由于这些原因，很多农民担心这种方式不再能够养活大家，从而引发饥荒。因此，有必要回归到更尊重自然的农业生产，对土壤质量进行管理，使其在未来的很长一段时间内保持肥沃。

有些物种可能突然一下子就灭绝了。

正确。 这种情况已经在19世纪末发生过了，曾经繁荣兴旺的旅鸽，突然地灭绝了。它们曾经是世界上常见的鸟类之一，但后来被人类大量猎杀。最后一只旅鸽在1914年死去，所有试图挽救这一物种的努力都失败了。一旦一个物种遭到的破坏超过了一定程度，其种群的数量就无法再恢复了，只能走向灭绝。科学家们担心，这种突如其来的灭绝也会发生在其他物种身上。

我们会迅速地建造太空飞船，实现去其他星球上的殖民。

错误。 虽然很多电影里都是这么演的，但就目前而言，人类还没有掌握在地球之外的其他星球上生活的方法，实际上，我们距离这一目标还很遥远。目前，我们到过最远的地方是月球，而且只有很少的几个人才去过，因为将人送到月球上涉及非常复杂的过程……总之，现实生活和科幻小说不是一回事。我们只有一个地球，要好好地对待它！

居家生活

环保
小技巧

哦，垃圾！

"哎呀，不是那个黄色的垃圾箱，是那个绿色的！"你是否也厌倦了经常被人教训垃圾分类分错了？让我和你分享一些关于垃圾分类的小贴士吧！

译者注：此章节关于垃圾分类标准为原著作者所在地的分类方法。

投放到"可回收废弃物"垃圾桶里的有：

→ 纸张、报纸、杂志、传单（但是要把塑料薄膜摘掉！）

→ 纸箱子、食品盒（需要清空，但不用清洗）

→ 塑料瓶子、塑料罐（包括盖子）

→ 金属包装（别忘了铝也是一种金属哟）

投放到"普通垃圾"垃圾桶里的有：

→ 除了上述垃圾和玻璃垃圾之外的所有垃圾。

投放到"玻璃垃圾"垃圾桶里的有：

→ 各种玻璃罐、玻璃瓶及其他玻璃制品。

为什么对垃圾进行分类是很重要的?

每天,人类都会生产出几十亿千克的垃圾!然后,它们需要被堆积、处理、焚烧……而这一切都会造成巨大的污染。平均而言,一个法国人一年会产生 354 千克的垃圾,也就是每天约 1 千克的垃圾。这可真不少呀!但好消息是,10 年前,这个数字是 400 千克／年。这意味着我们已经取得了一些成绩,当然我们还要继续努力。

你知道吗?

"堆肥"指的是我们将有机物放在一起,并让它们腐烂发酵。这样我们就得到了可以用来给花园里的植物施肥的优良肥料。你也可以亲自尝试"堆肥",果蔬皮、厨房纸、咖啡渣或者蛋壳都可以……

你是垃圾
分类专家吗？

垃圾分类已经成为一项必不可少的日常行动，所有人都开始注意垃圾分拣。那你呢？测一测，看你是不是垃圾分类的专家吧。

译者注：此章节关于垃圾分类标准为原著作者所在地的分类方法。

玻璃

油

纸制品

如何处理废旧的电池？

A. 放入可回收垃圾桶。电池是金属做的，不是吗？

B. 丢到普通垃圾的桶里就行了。

C. 将电池集中放到一边，统一回收。

一只易拉罐需要多久才能降解？

A.6 个月到 5 年。

B.5 年到 10 年。

C.10 年到 100 年。

香蕉皮要扔到哪个垃圾桶里？

A. 扔到地上就行。香蕉皮是可以被自然降解的，不是吗？

B. 丢到普通垃圾的桶里。

C. 将它们用来"堆肥"。

家居垃圾

嚼过的口香糖要丢到哪里？

A. 丢到地上就行。口香糖个头很小，很快就会被降解的。

B. 丢到普通垃圾的桶里。

C. 丢到可回收垃圾桶里，因为嚼过的口香糖看上去就像是塑料。

答案：

如何处理废旧的电池？

选 C。 电池是需要回收的，要将它们统一放到一个地方。实际上，超市里就有专门为了回收电池所设置的垃圾箱。

一只易拉罐需要多久才能降解？

选 C。 铝在自然界中的降解时间特别长。所以我们最好优先选择玻璃瓶，因为它是可回收利用的。

香蕉皮要扔到哪个垃圾桶里？

选 C。 香蕉皮比其他的水果皮都要厚实，它是一种厨余垃圾。如果用来"堆肥"，会成为非常好的肥料。橘子皮也是如此。

嚼过的口香糖要丢到哪里？

选 B。 口香糖是不可能被生物降解的。你知道口香糖是用什么做的吗？是石油！而人类每年都要消耗数十亿块口香糖……

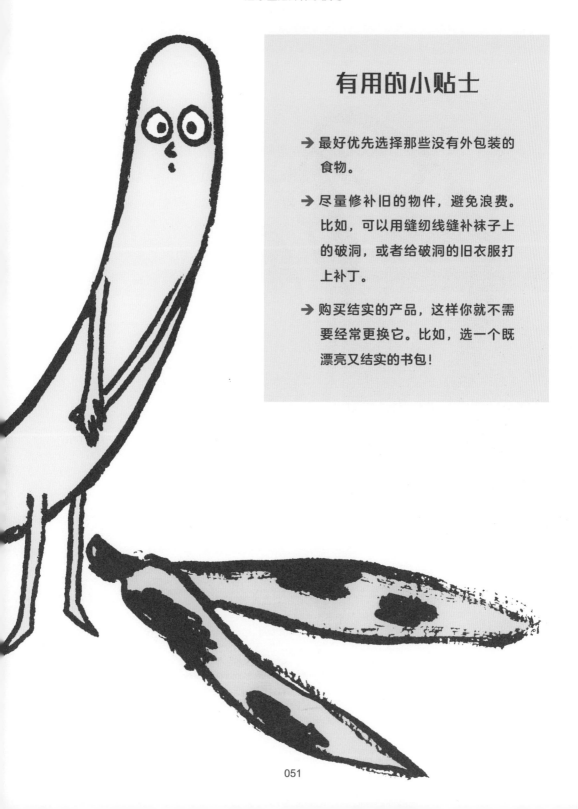

有用的小贴士

→ 最好优先选择那些没有外包装的食物。

→ 尽量修补旧的物件，避免浪费。比如，可以用缝纫线缝补袜子上的破洞，或者给破洞的旧衣服打上补丁。

→ 购买结实的产品，这样你就不需要经常更换它。比如，选一个既漂亮又结实的书包！

水是生命之源！

我们身体 65% 的构成是水。然而，现在的淡水资源经常被污染、过度消耗或浪费，我们怎么才能更好地保护淡水资源呢？下面有一些小窍门。

 淋浴

以淋浴代替泡澡，因为这样更省水。一般淋浴需要 50 升水，而装满浴缸则需要 150 升水。另外，在涂抹沐浴液的时候，记得关掉水龙头；只在你需要的时候才使用热水，因为烧热水很费电。

节约用水

有时候，我们会让水白白地流淌……记得洗手的时候，只使用适量的水；洗碗的时候，用活塞堵住水槽的排水口，形成一个清洗池；刷牙的时候，用一个杯子盛漱口水。不要忘记时刻检查水龙头是否关紧了：一个正在滴水的水龙头，一天就可以浪费几十升水。

C 水费单

一个法国人，平均每天要消耗 150 升的可饮用水！所以除了造福地球，你所节约的每一滴水，都对你的家庭财政很有好处！

D 回收利用

找一个盆，把它放到室外，比如花园里或者窗台上，用来收集雨水。然后，你可以用收集来的雨水浇灌植物，冲洗物品，甚至做水气球！洗菜的水也可以这样被重复利用。

水，也是和平

在未来，由于水资源的匮乏迫在眉睫，可能会出现争夺水资源的战争。因此，为了避免这些矛盾的发生，当务之急是学会如何节约用水，如何更好地管理水的使用。

节约能源

在居家生活中，最消耗能源的实际上是各种家用电器。现在让我们来看看如何节约用电。

太闷热啦！

采暖费占据家庭能源消耗费用的 40%。原因很简单：室内经常温度过高。比如，以卧室为例，最适合睡眠的温度是 17℃。在客厅里，19℃ 或 20℃ 就足够了。在浴室里，如果觉得冷，可以把温度调高到 22℃。

用多种方法取暖

冬天的时候，要注意保暖，穿上毛衣、舒适的披肩和柔软的袜子。一个质量很好的热水袋也会很有帮助！同时也不要忘了多喝热饮，这既能让我们的身体暖和起来，又能补充水分……最后，别忘了天一黑就把房间的百叶窗关上，这样可以有效地隔绝寒冷。

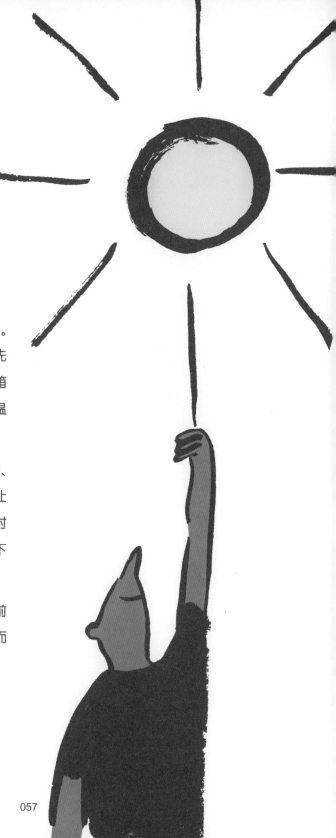

拒绝浪费！

➜ 离开房间时，记得关灯。

➜ 冰箱和冰柜的门不要开得太久。
将菜品放入冰箱之前，让它们先
冷却一会儿，这样可以防止冰箱
内的温度升高，节省了冰箱降温
所需要的耗电。

➜ 不使用时，关闭各种电器（电脑、
音响、游戏机……），而不要让
它们处于待机状态。不充电的时
候，要将充电器从插座上拔下
来，否则会很耗电。

➜ 如果你有手机的话，晚上睡觉前
记得关机。这样不但会省电，而
且你会睡得更香！

装修
小建议

采用更环保的材料和方式装修，这对环境保护来说非常重要！

黏合剂是有毒的。

正确。不但如此，油漆、溶剂和清漆也是有毒的……这些产品对自然和健康都是有害的。今天，我们有了越来越多的环保装修材料，这些材料的包装上会标注环保的标识：它们应该是人们装修的首选材料。

天然涂料比其他涂料质量更差，
价格更昂贵。

错误。 天然涂料都是优质涂料，并且在价格上和其他涂料没有什么区别。它们会老化，但是它们会更少污染你家中的空气！所以如果你想重新粉刷卧室的墙壁，试试天然涂料吧，它们有各种颜色！另外，在刷墙的时候，相较于使用普通的灰泥，使用更环保的黏土制品是更好的选择。

租用工具比
购买工具更省钱。

正确。 租用电钻和其他昂贵的装修设备是更
省钱的方法。实际上,一年到头,我们都很少
使用这些工具(除非你是一名装修发烧友,但
并不是所有人都热爱装修)。以租代买,我们
能够用上最有效的工具,并且避免购买不怎么
用得上的设备。这样做,我们不但能够节省费
用、节约空间,同时还能保护大自然!

装修 DIY

学习如何修理物品或者使用回收的材料制作新的物品是很有趣的过程，同时也很环保。比如，你可以用旧的纸箱制作漂亮的盒子，用玻璃酸奶瓶制作蜡烛罐，等等。

环保园艺

从种菜到培养绿植，在打理花园的时候，你也可以采取一种更环保的态度。以下就是几个有用的小窍门。

用自然的方法去除杂草

想要去除杂草和青苔，不要购买对环境有害的除草剂！如果你想除去小径上的杂草，可以自己动手除草。或者，可以用煮面条或煮土豆剩下的热水浇在地面上。浇热盐水也是可以的。

有机杀虫剂，
很好用！

用荨麻自制杀虫剂：将荨麻切成大块，然后找一个密闭的容器，装入水，将荨麻放入水中浸泡一到两个星期。之后，将得到的液体收集起来，用水稀释之后就可以当作杀虫剂喷洒了！这样制作的杀虫剂可以有效地消灭蚜虫。容器中剩下的固体可以用来堆肥。

对付蚜虫，你也可以饲养瓢虫（你需要购买它们的幼虫），然后把它们放到花园里。

最后，如果想要驱赶蚂蚁，你可以在地面上撒上辣椒粉，在超市的调料区就能找到！

请你的植物们 "喝一杯"……

在浇水壶里倒上一小杯红酒，用水稀释，代替化学肥料浇花，保证你的植物长势喜人。同样，也可以用煮蔬菜和鸡蛋的水浇灌植物，当然别忘了先把水晾凉。植物们很喜欢这样的水！最后，为了给植物提供足够的养分，没有什么比用有机肥料做的"堆肥"效果更好的了。

蛞蝓蛞蝓，
快走开！

想要防止你的植物被蛞蝓和蜗牛蚕食，只需要在植物的周围铺上一层薄薄的细沙或者锯末。没错，蛞蝓和蜗牛很讨厌在这些上面爬行！

谁知
盘中餐

"

食用有机食品有助于
保护大自然。因为有
机食品使用的农药和
化学制品更少。而且,
有机食品对我们的健
康也更有好处。

——乔安娜,11 岁

摆脱工业化农业有很多解决
方案。一种有效的方法就是
食用当地生产的应季有机农
产品。

我觉得"有机食品"这个标签,本身就不应该存在。
因为有机农业就应该是正常的农业。我们应该在其他
那些食品上贴上标签:工业化农业生产、含有农药的
苹果、全是染色剂的糖果……这样的话,人们马上就
会明白过来!

——阿努克,13 岁

我们不应该在冬天吃草莓：因为它们是从很远的地方，千里迢迢地运过来的，一路上的运输造成了很多污染。我和妈妈在购物之前，一定会先看看当季果蔬的清单。春天，我们就买草莓、芦笋和萝卜。夏天，我们就买桃子、杏子和西葫芦。秋天，我们会买苹果、葡萄、李子和胡萝卜。冬天，我们会买卷心菜、土豆和橘子……

纳塔那，10 岁

人们都说有机产品很贵，但是我们在家里做了一下价格比较。事实上，有机产品往往比品牌的产品更便宜。

莉娅，12 岁

你知道哪些产品是有机的吗？

很简单，你只需要看看外包装上有没有"有机农业"的标志就可以了。在法国，是蓝色背景上的 AB 两个字母。有机农业的发展在全世界呈现上升趋势，但它仍然很弱小。让我们帮助它发展壮大吧！

吃肉，对环境的巨大影响

有人说，吃肉会对自然环境产生影响，还有一些人则不同意这一说法。现在，让我们来盘点一下各方的说法。

过多的肉制品生产会导致污染

饲养动物以获得肉制品是非常污染环境的，尤其是牛肉。因为这会导致全球变暖、森林砍伐（为了饲养牛，人们砍伐树木并种植适合牛吃的植物）。同时，饲养这些动物还消耗和污染了大量的水。此外，在工业化的畜牧场，动物们被饲养的方式是非常野蛮粗暴的（它们不得不一直待在小笼子里）。试想一下，每一年都有750亿只（也有人说是1500亿只）动物被屠宰以供人类食用。这可真是不少呀！

肉，真的是必不可少的吗？

食用适量的肉确实能够给我们的身体提供丰富的营养，但是如果我们的饮食非常均衡，蛋白质含量足够丰富，其实少吃一些肉也没有什么问题。相反，食用太多的肉也会导致健康问题。如果你是一个爱吃肉的人，那最好控制肉制品的摄入量，也就是说，不要吃肉过量。

069

吃更少的肉，
吃更好的肉

我们当然不是必须成为素食主义者，但是我们可以选择吃更优质的肉。比如，在有机畜牧农户那里，动物们有更多的活动空间，它们可以轻松自在地吃草，不会感到紧张焦虑。支持这些农户，就等于支持一种不同的农业模式，一种对环境更好、对动物更尊重的模式。

健康，
就是环保！

你应该已经发现了，在很多情况下，对地球有害的东西，对你的健康也有害。所以"有机"的思维是很有好处的，下面让我们来看看吧。

身体越健康……

更环保的生活方式好处多多：你会走更多的路，骑更长时间的自行车，这样你就会多做运动。如果你在装修和整理花园的时候，少使用会造成污染的产品，你也会更少地接触到有害物品。如果你的饮食更加均衡，你也会更加健康。

……精神会越好！

在不那么热的房间里，你会睡得更好，醒来之后，也会感觉**更有精神**。多与家人和朋友们一起外出，而不是闷在家里玩游戏机（别忘了游戏机也很耗电），你会更好地享受与他人接触的乐趣，你也会感到更加**快乐和满足**。

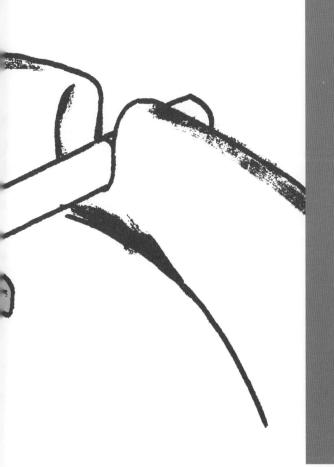

你知道吗？

烟草种植对自然界有破坏性的影响。因为它需要使用大量的化肥和杀虫剂，并且每年需要砍伐 20 万公顷的森林，它让土壤变得贫瘠，导致热带地区的水土流失和洪水风险。此外，它还加剧了"温室效应"……而且，为了烘干烟草，木材是必不可少的燃料。为了制作 300 支香烟，需要烧掉整整一棵树。更不要说一枚烟蒂需要一到两年的时间才能被完全降解了。所以，吸烟不但有害健康，还破坏自然！

转变
思想，

一起
环保

你是哪种类型的消费者？

1. 你最好的朋友拥有了1台最新型号的智能手机。你的反应是?

★ 太棒了！你也要马上缠着父母给你买1台！

❀ 有点小嫉妒。你决定修改一下今年给圣诞老人的礼物请求清单……

❀ 你觉得新手机很不错。但是，你也不会因为自己不能拥有而感到难过。

2. 每年的打折季
你都是怎么度过的呢?

☼ 你什么也不需要，不是吗? 哎，为什么妈妈总是非要拉着你去购物呢?

★ 你会央求着爸爸妈妈带你去最时髦的商店逛逛。

⊛ 你很想要1双新鞋，但是能从表哥表姐那里得到旧鞋子，你也觉得很棒了。

3. 有1位同学在学校和大家炫耀，
自己的卧室里有1台电视。你的
反应是?

★ 运气可真好! 他/她的爸妈可太酷啦!

⊛ 嗤，你宁愿在卧室里躺在床上看书。

☼ 能在卧室看电视应该很棒，但是你更喜欢在客厅里和你的猫咪一起看电视，
  然后在插播广告的时候，和你的兄弟姐妹们笑作一团。

4. 你的表弟刚刚购买了你梦寐以求的电子游戏。

☼ 太好了！你打算去他家和他一起玩，或者借来玩一玩。

⊛ 你向爸爸妈妈建议，在网上卖掉你的一些旧游戏，然后买二手的游戏来玩，或者用你的旧游戏和别人换二手的游戏。

★ 什么！你还没有的游戏，他居然就有了！你太生气了！你需要不顾一切地迅速买下这个游戏。

计算一下你的回答吧

如果你的答案大多数是 ★：对于你来说，拥有新事物的欲望是非常强烈的。但请你问一问自己：你真的需要这些东西才会快乐吗？

如果你的答案大多数是 ⊛：你是一个相当理智的消费者，你知道哪些东西是必要的，哪些不是。

如果你的答案大多数是 ☼：你是一名不自知的环保主义者，对吗？

不要再过度消费了！

在西方社会，即使是最理性的消费者，也会过度消费和浪费。我们常常沉迷于各种无用的东西。举几个数字作为例子，你就明白是怎么回事了。

全球每年售出约 22 亿部智能手机、平板电脑和计算机。（来自 2019 年的统计数据）

在法国，每年圣诞节期间会售出6100万件玩具和游戏。

这意味着，每个孩子平均会收到6件以上的礼物。或许，你可以要求一些其他形式的圣诞节礼物？比如，1张你最喜欢的乐队的演唱会门票……

只有5%的手机被回收……想想看，你每天都要看到多少广告（算上那些无所不在的商标贴，还有网络上的广告，等等）？所有这些广告，目的只有一个，就是让你买买买。这些商家把你看作一个耳根软、容易冲动消费的人，你是不是也觉得有些不爽？

大骗局！

淘汰： "过时"的东西就要换掉。

程式化： 有计划、有组织地让你相信这一点。

通过广告，制造商们希望鼓励人们用更新或更时尚的设备来替换依然能使用的现有设备。比如，那些隔段时间就推出新款游戏机的厂商，总是让你觉得确实应该换个新的，可是你现在的游戏机并没有坏，还很好用呢！最近，制造商们变得更"狡诈"了，他们故意让产品变得"不可持续"：在制造商品的时候，他们就故意选择用不太结实的材料，这样过不了多久，它就会坏掉。这样做是为了让人们不停地购买新的产品。虽然有一些法律试图预防这样的做法，但是效果并不太明显……

少些花样，多些联系

在你决定购买一个物品之前，问问自己："我真的需要它吗？"

换一种消费方式

这条腰带、这只包包、这个新款电子游戏，它们真的有必要吗？即使别人都有了，只有你没有，这真的很严重吗？最重要的，不就是和自己内心的选择和平共处吗？通过拒绝参与这场"消费比赛"，你可以感受到自己真正的强大。

清醒又快乐

选择减少消费也是一种可以让你感到更有成就感的方法，最终，你会重新专注于生活中那些最关键的事情：有人称之为"清醒的快乐"。当然了，想要抵挡住诱惑、不屈服于"合群"的压力，确实很难……但请时刻牢记，抵挡住那些最新、最时尚的小花样的诱惑，减少购买，你是在为保护地球贡献一份自己的力量。

专注于现实生活

花更少的时间盯着电脑屏幕，更少的时间玩手机、看视频，或者更少在社交网站上闲逛，你就会有更多的时间和身边的人相处。在现实生活中，唯一的电池是你的生命，唯一的硬盘是你的大脑，唯一的触屏是你的皮肤！更何况，和朋友们一起度过一个愉快的下午会让污染更少。

交换，更环保，更自然！

和闺蜜之间交换衣服穿，或者和朋友互相交换游戏玩，这些都是我们自然而然会做的事情，而且这样做还不会给地球增加一丝负担！生日或节日的时候，与其送上什么物件，不如给亲爱的人送上一些"无形"的礼物（父亲节时请父亲吃一顿饭，母亲节时请母亲去一次美容院，等等）。

自然
最时尚

"

我的大部分衣服都是棉的或者亚麻的。如果衣服是有机的，就会在标签上注明，所以选择起来一点也不麻烦。

奥黛丽，9 岁

如果我要去参加一个聚会或者婚礼，我会向我的闺蜜们借漂亮的裙子和配饰，而不是专门去购买这些！而她们也会跟我借东西。

夏洛特，13 岁

选择更自然、更有机的服装，这是可能的。为什么不从衣柜里开始环保新时尚呢？

我喜欢创作。在奶奶的帮助下，我会改造旧衣服，以再利用它们。我还会自己缝制小裙子……所以我有一些独特、免费又环保的衣服！

罗森，14 岁

我发现，居然还有环保鞋！所以我们可以从头到脚都穿得很"有机"！

法图玛塔，13 岁

你知道吗？

珍贵资源（黄金、钻石……）的开采会造成非常多的污染（比如有毒的制剂会污染土壤和河流，而且挖掘工作会导致成吨的土壤被迫迁移）。然而，在创意手工作者那里，他们会用可回收纸、植物种子、赤陶制作饰品，真的超有创意！

你有没有想过去问问妈妈或者外婆，她们是否有不想再戴的老旧金饰或银饰？你可以拿去首饰匠那里，让他们将金属熔化，重新按照你的喜好改制。这样的首饰比购买新首饰的价格要便宜，因为你自己提供了原材料。看，这不仅省钱，而且还环保！

关于交通的小建议

在过去的几个世纪里，人们步行或者骑马出行。不会造成污染，只需要清理马粪！那么今天的情况如何呢？让我们来做几道是非题。

汽车和飞机对环境的污染是最大的。

正确。 汽车和飞机会产生污染性气体和温室气体，是全球变暖的主要原因。选择出行工具时，请记得火车比飞机更环保，公共交通工具或自行车也比汽车更环保。你也可以考虑拼车（出行时与他人共享一辆轿车）。而且，车速越慢，污染越少。

公共交通工具更环保。

正确。如果你为了不得不早起等公交车而感到郁闷，如果你羡慕那些父母开车送他们上学的朋友，请这样想：乘坐公共交通是对地球环境有益的行为。而且你还有机会和同样乘坐公共交通的朋友们度过愉快的上下学时光。

在城市里，汽车的速度比自行车快。

错误。 在闹市，自行车的速度往往比汽车快很多！乘坐汽车出行，你经常会被堵在路上，而自行车则可以轻松地穿过缝隙，一路前行。而且，蹬自行车还有助于强身健体！

现在汽车空调带来的污染比之前少了很多。

错误。 尽管汽车设计师们做了很多的努力和尝试，但是汽车空调对环境的危害还是很大的，因为它释放出来的液体会污染环境，造成全球变暖。此外，使用汽车空调还会消耗更多的燃料。所以，请只在极端炎热的情况下使用空调吧！

可持续能源 ABC

有一些能源的污染比其他的能源更小。但我们还是要注意，不要过度消耗能源。

 风能

在路边，你可以看到一些巨大的白色风扇在转动，有的速度快，有的速度没那么快。这些是风力发电机，它们在风的作用下发电。

注意：当巨大的扇叶转动起来的时候，它们可以轻松地杀死飞行时不小心撞上去的鸟类或者蝙蝠。所以，我们需要格外注意安置风力发电机的位置（比如不要安置在鸟类迁徙的路线上）。

B 地热能

在热泵的帮助下，我们可以从地下吸收热量，从而利用地球深处自然产生的热量来发电或供暖。

D 太阳能

通过太阳能电池或集热器，我们可以将太阳能转化为电能或热能。只要阳光照耀着大地，太阳能就是一种取之不尽的能量。目前，太阳能在非洲已经得到了越来越多的应用。

C 水能

水流的运动可以用来发电。这一发电过程是通过大坝来实现的，你有时候能在河边看到这样的水坝。海洋的运动也可以用来发电！海浪、潮汐和洋流的运动都可以用来发电。今天，利用海洋发电的技术还是一项新技术，而且使用的范围也很小，但海洋能源拥有巨大的潜力，有待我们的开发。

大家
一起来！

目前，人类的行为通常缺乏团结性。如果我们能更加关心他人，会怎么样呢？

保护地球，帮助贫困的人

贫困的人容易受到环境变化带来的风险影响。由于破坏自然、砍伐森林，我们正在破坏他们的生存环境，我们掠夺了本属于他们未来可用的资源。当富裕国家的人在消费不必要的物品时，他们往往没有充分意识到这对贫困的人可能造成的后果。

富裕的国家，同时也是污染大国吗？

在很长一段时间内，情况确实是这样，但是，现在情况发生了一些变化。虽然富裕国家仍处于污染最严重、污染时间最长的国家之列（尤其是美国、德国、加拿大、法国……），但是那些不那么富裕的国家，近几年也成了"污染大户"。

贸易必然是不平等的吗？

不一定。还存在着另一种贸易形式：公平贸易。这种贸易更加公平，因为它更好地考虑到了双方的工作条件，同时充分尊重生产者工作的真正价值。公平贸易会考虑保护自然环境的问题，因此它所交易的产品往往也是有机生产的。你可以在一些茶叶罐、香蕉、大米的包装上看到"公平贸易"的标志。

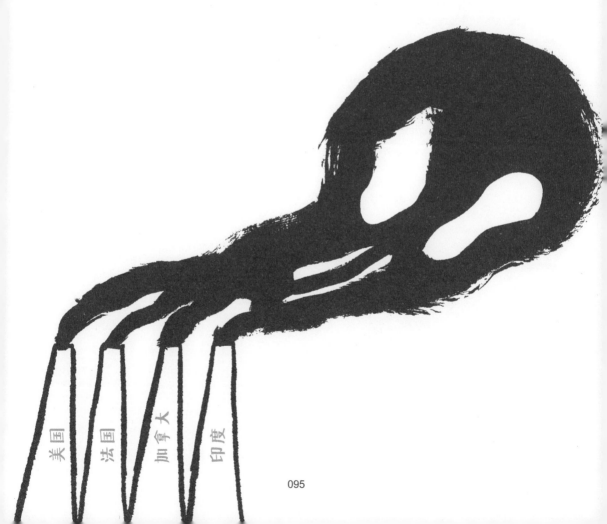

美国　法国　加拿大　印度

迈向环保的新世界

银行、金融和金钱的世界在物种消失和全球变暖的过程中扮演着重要的角色。这种情况必须发生改变。以下就是原因。

"贪得无厌"

生活中有好多东西（比如广告）促使着我们购买越来越多的物品。对于制造商、销售商、融资的银行来说，他们的目标是赚钱。这样的消费社会，整体上对贫困者和地球的自然环境都是有害的。如果我们拒绝成为其中的一分子，它就玩不转了。

真的存在"干净"的银行吗？

少数几家银行已经意识到了，有一些做法是不能为公民们所接受的，所以它们开始采取更环保的做法，比如拒绝投资污染环境的项目。但银行有必要提供充分的相关信息，因为有一些"狡猾"的银行，只是给用户呈现出一种亲近大自然的假象，为了看上去体面而已，其实并没有采取什么真正的行动。例如，通过查看各个银行在环保协会中的排名，你可以了解哪家银行是真正有环保措施的。对于银行，我们是有选择权的，可以根据"是否环保"的标准来选择银行。所以，在你首次打算在银行开户的时候，别忘了考虑到这一点！

自然是"有价"的吗？

越来越多的银行家为自然、植物和动物赋予一个特定的"价格"。比如在美国，就有所谓的"生物银行"。人们可以通过购买股票来保护一个物种或一个栖息地，而作为回报，购买者有权利在另一个地方破坏自然。这就是所谓的"补偿措施"。仔细想想，这也不过是一种自我安慰的方式罢了，我们怎么能真的买到破坏自然的权利呢？

哪些职业是为自然服务的？

" 我叔叔伯特兰在一个协会里工作，他负责保护老鹰和秃鹫。他是一名博物学家，也就是大自然方面的专家，他了解动物和植物。

雨果，10 岁

从有机农业生产者到生态工程师，从公务员到个体户，为自然服务的职业五花八门！

我想成为一名在自然公园里工作的骑警。这是一种骑马巡逻的自然警察。我会观察周围发生的一切。

萝拉，9 岁

我的父亲是一位空气质量分析师。他监测污染的情况。

路易，13 岁

我想像表哥一样，成为一名自然讲解员。这份工作能够向人们解释什么是大自然，以及为什么我们需要保护大自然。而且还可以经常去野外，去那些美丽的地方！

伊森，12 岁

我的哥哥正在接受培训，他要学习如何建造生态房屋。将来，我一定会请他帮我建造一座这样的房子！

阿芒丁，11 岁

环保
协会

在社会层面，如果政治家们对环境保护不够重视，就会出现一些以改变现状为目标的组织：环保协会。

自然保护协会有不同的类型：

➡ 保护整体**自然环境的协会**（比如绿色和平组织、尼古拉 –
于洛基金会……）

➡ 保护**动物及其栖息地的协会**（比如世界自然基金会、鸟类
保护联盟、野生动物保护协会……）

➡ 地方性的**自然保护协会**（比如阿基坦大区的西南自然研究、
保护与发展协会……）

➡ **消费者协会**。这些协会谴责计划性的"过时报废"，抵制污
染，并且呼吁提高产品的质量（比如"联邦消费者联盟 – 如何
选择"协会、"抵制计划性报废"协会……）

前面只是其中的几个例子，还有很多其他例子！每个人都可以找到适合自己的环保协会，其价值观和理念如果与自己的想法十分接近，请加入这些协会中的一个（或者几个！），这是一种积极地参与其中的方式，能够给予这些协会实现目标的动力。这些协会的声势越大、成员越多，它们的意见就越会被人们重视。它们是社会层面上最直接的行动方式之一。

听听那些发出警告的声音！

但是，仅仅依靠协会往往是不够的。最重要的，还是公民的行动、唤醒良知的举措！有一个女孩曾呼吁让政治家们为改善生态环境作出努力。当然，一些不想保护自然的大人并没有把她的话当一回事，但是她依然把她想要表达的信息传递给了更多人！

掌心上的地球

我们的每一个行动都是重要的，都能影响世界。让我们快快行动起来吧！

已经有人在行动了！

看看你周围的环境吧，你是不是已经见到过屋顶上长草的房子了？这就是所谓的"绿色屋顶"，在生态街区中，你可以发现拥有这种屋顶的建筑越来越多。而越来越多的生态街区正在建设之中。在城市里，越来越多的生态元素被融入了城市化的进程之中。